好奇宝宝
大世界

畅游动物乐园

海豚传媒/编

长江出版传媒 | 长江少年儿童出版社

目录

CONTENTS

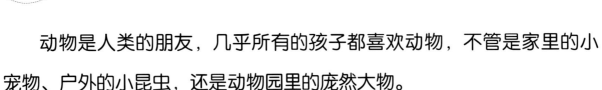

前言

FOREWORD

　　动物是人类的朋友，几乎所有的孩子都喜欢动物，不管是家里的小宠物、户外的小昆虫，还是动物园里的庞然大物。

　　孩子对任何事物都有强烈的好奇心，特别是能跑会跳的动物们。他们在喜爱之余，脑子里对动物们的各种行为会有满满的疑问，而且希望能够得到解答。

　　本书着眼于孩子的需求，从身边的动物讲起，充分满足孩子的求知欲，为孩子精心打造一个精彩的动物乐园。

māo
哺乳纲→食肉目→猫科

猫
cat

栖息地：除南极洲外的世界各地
食物：老鼠、鱼

动物特点

猫是一种贪睡、任性、爱干净的小动物。它鼻子灵敏，行动敏捷，脚趾底部长有厚厚的肉垫。这层肉垫不仅能在它从高空落地时起到缓冲作用，而且还能让它在行走时悄无声息，更有利于捕捉到老鼠。

趣味知识链接

猫是夜行动物，为了在夜间能看清东西，需要大量的牛磺酸。而老鼠和鱼的体内就含有牛磺酸，所以猫吃老鼠和鱼不仅是因为喜欢，还因为自身的需要。

炎热的夏天，狗经常会伸出长长的舌头，大量地流口水，通过口水蒸发吸热来降低体温。

动物特点

狗是人类早期从狼驯化而来，对主人忠诚，是人类最好的朋友。它具有敏锐的听觉和嗅觉，但视力较弱，对颜色和细小事物的分辨能力较差。狗眼中的世界是黑白和模糊的。

gǒu
狗 dog

哺乳纲→食肉目→犬科

栖息地：除南极洲外的世界各地

食物：肉类、骨头

shé
蛇 snake

爬行纲→蛇目

栖息地：除南、北极和爱尔兰等岛屿外的世界各地
食物：鼠、蛙、昆虫等
天敌：獴、鹰、雕等

蛇是爬行动物，身体细长，没有四肢，全身被鳞片覆盖。因为只有内耳，所以蛇的听觉十分迟钝。蛇的种类很多，按毒性一般分为有毒蛇和无毒蛇。

趣味知识链接

蛇具有强大的消化系统和很长的食道，能够边吞咽食物边消化。它能马上将猎物吞入腹中，但是完全消化则需要一周左右的时间。

蜥蜴是典型的变色专家，它会随着周边的环境和温度的变化而改变身体的颜色，身体可以变成绿色、红色、黑色、褐色等不同颜色。蜥蜴通过变色来进行伪装，逃避天敌的猎捕。

动物特点

蜥蜴又叫"四足蛇"，属于冷血爬虫类，身体细长，全身覆盖着鳞片。大多蜥蜴都能在遇到危险时，通过断掉自己的尾巴来分散对方的注意，从而得以逃脱。

xī   yì

蜥蜴 lizard

爬行纲→蜥蜴目

栖息地：主要分布于热带和亚热带
食物：昆虫、蚯蚓、蜗牛等
天敌：鹰、蛇等

公鸡的头顶上长有一个红色的冠，全身被丰厚的羽毛覆盖。公鸡没有汗腺，依靠呼吸来散热，所以它害怕炎热的夏天，不怕寒冷的冬天。

趣味知识链接

公鸡打鸣是一种"主权宣告"现象，一方面是提醒家庭成员，它拥有至高无上的地位；另一方面是警告附近的公鸡不要侵犯它的家庭成员。

gōng jī
公鸡 rooster

鸟纲→鸡形目→雉科

栖息地：除南、北极外的世界各地

食物：谷物、昆虫等

天敌：黄鼠狼、鹰等

鸭子的尾部有一个很大的脂肪腺。它会经常用嘴将尾脂腺分泌的油脂啄擦在羽毛上。这样，鸭子入水时羽毛就不会被弄湿。同时水还能将鸭的整个身体托起，使其漂浮在水面上。而且，鸭子还有一双大大的脚蹼，所以它天生就会游泳。

动物特点

鸭子的体形相对较小，嘴巴扁扁的，有一双大大的脚掌，走起路来左摇右摆。鸭子的眼睛在头部的两侧，有 360 度视域，所以不用转头就可以看到身后。

yā
鸭 duck

鸟纲→雁形目→鸭科

栖息地：除南极洲外的世界各地
食物：鱼和粮食
天敌：黄鼠狼、蛇等

é

鹅 goose

鸟纲→雁形目→鸭科

栖息地：除南极洲外的世界各地

食物：谷物、蔬菜等

鹅的头部偏大，喙扁阔，前额有一个凸起的肉瘤，脖子很长，有一双大大的脚蹼，善于游泳。

趣味知识链接

家鹅是鹅类中的素食主义者，不吃荤食。虽然它长期生活在水里，但是只吃水生植物，不吃水中的鱼虾。家鹅最爱的食物是稻谷。

猪的鼻子为高度发育的器官，所以猪的嗅觉十分灵敏。在拱土觅食的时候，猪会通过鼻子找到自己喜欢的食物。

动物特点

猪是杂食类哺乳动物，身体肥壮，四肢短小，鼻子很长。猪的性情温驯，适应力强，容易饲养和繁殖，平均寿命可达 20 年。

zhū

猪 pig

哺乳纲→偶蹄目→猪科

栖息地：除南极洲外的世界各地

食物：杂食

mǎ

马
horse

哺乳纲→奇蹄目→马科

栖息地：中国、蒙古、阿拉伯等

食物：杂草

动物特点

马的脸部很长，耳朵较短，四肢健壮，善于奔跑。马的听觉和嗅觉很敏锐，但视觉较差。马会通过听觉、嗅觉和视觉等器官形成牢固的记忆，所以很容易被驯化。

趣味知识链接

在一望无际的草原上，野马为了迅速、及时地逃避猎捕，要随时保持警惕，所以它始终站立着，连睡觉也不例外。家马是由野马驯化而来，也沿袭了野马站着睡觉的习性。

牛为反刍动物，他们的胃在进化中形成了 4 个胃室，分别是瘤胃、网胃、瓣胃和皱胃。牛在进食后，先将食物咀嚼后吞入瘤胃，然后再返回口腔咀嚼，最后食物才进入到皱胃，被真正消化吸收。

动物特点

牛为哺乳动物，头上长有一对表面光滑的牛角，体形粗壮，力气很大。牛的汗腺大量分布在鼻子里，汗液从鼻腔排出，所以牛的鼻端总是光滑湿润的。如果牛的鼻端出现干燥的现象，就是牛生病的征兆。

niú

牛
cattle

哺乳纲→偶蹄目→牛科

栖息地：除南极洲外的世界各地

食物：杂草

15

mián yáng
绵羊 sheep

哺乳纲→偶蹄目→羊亚科

栖息地：除南极洲外的世界各地

食物：杂草

天敌：狼、狮子

动物特点

绵羊嘴巴尖，嘴唇薄，身体丰满，体毛绵密。绵羊很合群，性情温驯，但自卫能力差，容易受到侵害。

趣味知识链接

绵羊妈妈和小绵羊能在成群的绵羊中准确相认，这是因为每只绵羊体内的分泌物都会有不同的味道，小绵羊主要通过嗅觉来识别自己的妈妈。

hǎi tún
海豚 dolphin

哺乳纲→鲸目→海豚科

栖息地：世界各地的海洋及河流

食物：乌贼、虾、小鱼、蟹等

动物特点

海豚身体呈流线型，非常圆润、流畅，适合在水中快速游动，拥有高超的游泳和潜水本领。头部有特殊的额隆结构，用于发声与回声定位。

趣味知识链接

海豚是一种本领超群、聪明伶俐的海洋哺乳动物。它是海洋动物中大脑最发达的，人称"海中智叟"。

鲨鱼嗅觉非常灵敏，在海水中主要通过嗅觉来确定目标位置，尤其对血腥味特别敏感，能闻到数公里外散发的血腥味等极细微的气味。

动物特点

鲨鱼属软骨鱼类，身体坚硬，肌肉发达，是海洋中的庞然大物。它食肉成性，非常凶猛，会充分利用灵敏的嗅觉，探测食物的方向和位置。鲨鱼一般只吃活食。

shā yú

鲨鱼 shark

软骨鱼纲→侧孔总目

栖息地：热带、亚热带海洋
食物：鱼类

jīng
鲸 whale

哺乳纲→鲸目

栖息地：世界各地的海洋
食物：各种鱼虾、乌贼等

动物特点

　　鲸是世界上最大的哺乳动物，分为须鲸和齿鲸两种。鲸的体型像鱼，呈梭形，头部大，眼睛小，尾巴为水平鳍状，体温恒定，使用肺部进行呼吸。

趣味知识链接

　　我们常看到鲸浮出水面喷出高高的水柱，这是因为鲸每隔一段时间就必须游到水面上来呼吸。这时，鲸会利用头上的鼻孔呼吸，呼气时，空气中的湿气会凝结成喷泉状，形成水柱。

海龟妈妈爬到沙滩上，产下蛋后，用沙子掩埋好，然后孵出小海龟。

当小海龟出生后，它就得面对人生的第一次生死考验——能否顺利地爬回大海。

动物特点

海龟外壳坚硬，头小嘴尖，长着像桨一样的四肢。海龟和陆地上的龟不一样，它不能将头部和四肢缩进壳里。海龟的寿命最长可达 152 年，是动物中当之无愧的"老寿星"。

hǎi guī
海龟 turtle

爬行纲→龟鳖目→海龟科

栖息地：大西洋、太平洋、印度洋

食物：杂食

wū   zéi
乌贼 cuttlefish

头足纲→乌贼目→乌贼科

栖息地：世界各地的海洋
食物：甲壳动物、鱼类等
天敌：海豚、抹香鲸等大型海洋动物

动物特点

乌贼又叫墨鱼，躯干呈袋状，背腹略扁，体内有一个墨囊，里面储藏着能分泌天然墨汁的墨腺。当乌贼遇到危险时，它会喷射出墨汁，逃脱对手的侵害。

趣味知识链接

乌贼的游泳速度非常快，它靠肚皮上的漏斗管喷水的反作用力飞速前进，借助这种喷射力，乌贼可以从深海中飞出海面，高度可达 7 ~ 10 米。

章鱼和乌贼一样，在遇到危险时会喷出黑色的墨汁，逃脱敌人的攻击。章鱼还有一个非常厉害的本领，就是能够改变自身的颜色和构造，用以保护自己和捕捉猎物。

动物特点

章鱼体型为圆形，呈囊状，头上长有八只可收缩的腕，腕上有许多吸盘，能牢固地吸附在其他的物体上。

zhāng yú
章鱼 octopus

头足纲→八腕目→章鱼科

栖息地：世界各地的海洋

食物：甲壳类

天敌：抹香鲸等

hǎi mǎ
海马
sea horse

硬骨鱼纲→刺鱼目→海龙科

栖息地：大西洋、太平洋

食物：仔鱼、轮虫

动物特点

海马是一种形状奇特的鱼类，头部像马，眼睛像蜻蜓，尾巴和大象的鼻子一样。海马不善游泳，喜欢将卷曲的尾巴缠附于海藻上。

趣味知识链接

小海马是在海马爸爸腹部的育儿囊中孵化长大的。海马妈妈首先会将卵产在海马爸爸的育儿囊中，然后交给海马爸爸照顾，等到卵发育成熟后，小海马就从爸爸的育儿囊中钻出来了。

水母身体内有一种特别的腺，会散发出一氧化碳使身体膨胀起来。当遇到危险时，水母会自动将气体放掉，沉入海底。等海面平静后，水母再产生气体使自己膨胀并漂浮起来。

动物特点

水母身体的主要成分是水，体内含水量达98%以上，所以水母身体呈透明状，像一把透明的小伞。水母虽然长相美丽、温顺，其实十分凶猛，分泌的毒液毒性很强。

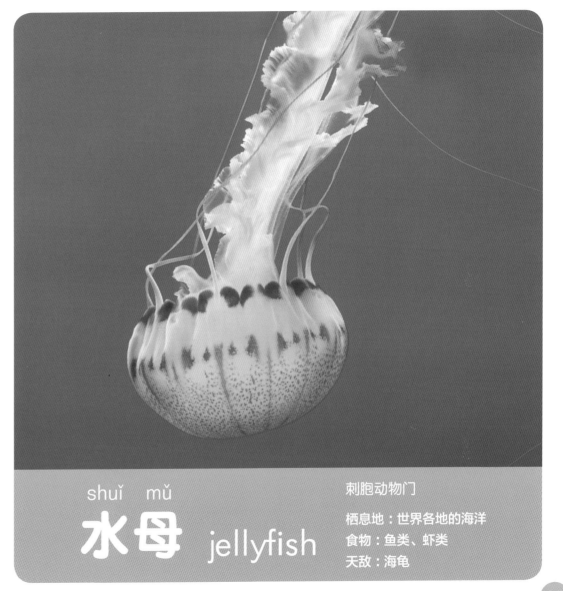

shuǐ mǔ
水母 jellyfish

刺胞动物门

栖息地：世界各地的海洋

食物：鱼类、虾类

天敌：海龟

25

rè dài yú
热带鱼

栖息地：热带、亚热带水域
食物：鱼类、蚯蚓

tropical fish

热带鱼生活于热带或亚热带水域，分为淡水热带鱼和海水热带鱼。热带鱼种类很多，形态漂亮，非常具有观赏价值。

趣味知识链接

南美洲的亚马孙水域出产的热带鱼种类最多，形态也是最漂亮的。热带鱼中的"皇后"——神仙鱼就产于那里。

蝴蝶鱼生活在五光十色的珊瑚丛中，有着适应环境的本领，它身体的颜色可以随周围环境的改变而改变。

动物特点

蝴蝶鱼体形较小，色彩鲜艳，外形看上去就像一只美丽的蝴蝶。身体扁扁的蝴蝶鱼可以从容地在珊瑚丛中来回穿梭，捕捉食物。

hú dié yú

蝴蝶鱼
butterflyfish

辐鳍鱼纲→鲈形目→蝴蝶鱼科

栖息地：热带海域的珊瑚礁中

食物：小型无脊椎动物、小型甲壳类动物

xiǎo chǒu yú
小丑鱼
clown fish

辐鳍鱼纲→鲈形目→雀鲷科

栖息地：热带海域的珊瑚礁中

食物：小鱼、小虾

动物特点

小丑鱼是一种热带鱼，色彩鲜艳，娇小可爱，因为脸上有一条或两条白色条纹，形似京剧中的丑角，所以被称为"小丑鱼"。

趣味知识链接

小丑鱼喜欢和海葵生活在一起，海葵可以用有毒的触手保护小丑鱼，而小丑鱼能帮海葵引来猎物，所以它们经常生活在一起。

神仙鱼动作优美，在水草丛中悠然穿梭，忽进忽退，忽上忽下，宛若神仙，美丽得清纯脱俗，深受人们喜爱。

动物特点

神仙鱼头小而尖，身材扁平，性格温和，姿态曼妙，被誉为"热带鱼皇后"。

shén xiān yú

神仙鱼

angelfish

硬骨鱼纲→鲈形目→丽鱼科

栖息地：原产于南美洲

食物：浮游生物

mǎ fū yú
马夫鱼
heniochus acuminatus

辐鳍鱼纲→鲈形目→蝴蝶鱼科

栖息地：印度洋和太平洋的热带海域
食物：浮游生物、珊瑚虫

动物特点

马夫鱼头小而短，背部高而隆起，略呈三角形，背上长有一根长长的鳍棘，身上有两条黑白相间的条纹，马夫鱼以浮游生物、珊瑚虫为食。

趣味知识链接

马夫鱼产下的鱼卵能顺水漂浮在水面上，在29℃的水温中，鱼卵孵化需耗时 18 ~ 30 个小时，孵化后的柳叶状稚鱼会继续保持浮游状态漂浮在水面上。

海星看似不像动物，其实是一种非常贪婪的食肉动物，主要以贝类为食，而且食量很大。海星还具有再生的功能，在腕和体盘受到伤害后，能够再生长出一个新的海星。

动物特点

海星为无脊椎动物，身体扁平，一般长有5条腕，外形似五角星，又叫星鱼。海星颜色很多，几乎每只海星身体颜色都不相同，最常见的颜色有橘黄色、红色、紫色、黄色等。

hǎi xīng

海星 starfish

海星纲

栖息地：世界各地的浅海中
食物：贝类、浮游生物等
天敌：海鸥、水獭等

扇贝有两个壳，大小基本相等。贝壳很像扇面，所以人们称之为"扇贝"。扇贝体内有一个闭壳肌，呈白色。

趣味知识链接

扇贝是靠纤毛和黏液收集食物颗粒移入口内。另外，扇贝游泳是用双壳迅速开合排水，利用喷出水流的力量推动身体前进。

shàn bèi
扇贝 scallop

双壳纲→珍珠贝目→扇贝科

栖息地：世界各地的海洋
食物：微小生物
天敌：海星

lǎo yīng
老鹰 eagle

鸟纲→隼形目→鹰科

栖息地：世界各大洲
食物：鼠类、鸟类等

动物特点

老鹰是一种肉食性的鸟类，性情凶猛，上嘴弯曲，脚趾上长有锐利的爪子，用以捕捉猎物。

趣味知识链接

老鹰视觉敏锐，它的视网膜中有两个中央凹，比一般的动物多一个，且中央凹的感光细胞数量是人类的6倍多，能在几千米的高空看见地面上的猎物。

猫头鹰能将整个猎物先吞进去，然后将不能消化的猎物皮毛、骨头等残渣集成一块，形成"小食团"吐出来。

动物特点

猫头鹰头部很大，和猫长相相似，大多昼伏夜出。猫头鹰飞行时几乎没有声音，靠灵敏的听觉来定位飞行的方向。

māo tóu yīng
猫头鹰 owl

鸟纲→鸮形目→鸱鸮科

栖息地：除南极洲外的世界各地

食物：鼠类、小鸟、蜥蜴等

zhuó mù niǎo

啄木鸟
woodpecker

鸟纲→鴷形目→啄木鸟科

栖息地：除大洋洲和南极洲外的世界各地

食物：多数以树干害虫为食

天敌：山猫

动物特点

啄木鸟又被称为"森林医生"，整天在树林中飞来飞去，专食树木中潜藏的害虫，是一种益鸟。

趣味知识链接

啄木鸟长长的嘴巴就像一把锋利的凿子，可以通过嘴凿树木的声音，判断里面是否有虫子。而且啄木鸟啄木的速度非常快，几乎是音速的两倍。

大雁是南北迁徙的候鸟，每次迁徙需要1～2个月的时间。在长途旅行中，雁群队伍组织得非常严密，它们常常会排成"人"字形或"一"字形。

动物特点

大雁又称野鹅，体形较大，是出色的空中旅行家。每年秋冬季会从寒冷的西伯利亚飞到我国的南方过冬，到第二年的春天又会长途跋涉地飞回西伯利亚产蛋繁殖。

dà yàn

大雁

wild goose

鸟纲→雁形目→雁亚科

栖息地：除南、北极外的世界各地
食物：杂食

gē zi
鸽子 pigeon

鸟纲→鸽形目→鸠鸽科

栖息地：除南、北极外的世界各地
食物：果实、粮食等
天敌：老鹰等

动物特点

鸽子体形丰满，嘴巴小，翅膀很长，性情温顺，飞行迅速而有力，喜欢栖息在高大的建筑物或山岩峭壁上。

趣味知识链接

鸽子记忆力很好，具有较强的归巢和飞翔能力。人类利用鸽子的这些特性，很早就开始用鸽子来传递书信了。

燕子是典型的迁徙鸟，随季节变化而迁徙。燕子冬天迁往南方，是因为寒冷的北方没有飞虫可供燕子捕食，而不是因为北方太冷才飞到温暖的南方过冬。

动物特点

燕子长有一身乌黑光亮的羽毛，一对俊俏轻快的翅膀，和剪刀似的尾巴。聪明的燕子善于飞行，是人类的益鸟，以蚊、苍蝇等昆虫为食。

yàn zi
燕子 swallow

鸟纲→雀形目→燕科

栖息地：除南、北极外的世界各地
食物：蚊、蝇等昆虫
天敌：老鹰、蛇等

hǎi ōu
海鸥
seagull

鸟纲→鸻形目→鸥科

栖息地：海洋沿岸

食物：鱼、虾、蟹、贝等

动物特点

　　海鸥是最常见的海鸟，常出现在海边、港口、码头等地方。它们以鱼虾为食，也喜欢拣食船上人们丢弃的残羹剩饭，所以又被人们称作"海港清洁工"。

趣味知识链接

　　海鸥是海边的天气预报员，如果海鸥贴近海面飞行，那么天气将会晴好；如果海鸥离开水面，高高飞翔，并且成群结队地从大海远处飞向海边，则预示着暴风雨即将来临。

蜂鸟的飞行速度特别快，翅膀振动的频率可达到每秒50次以上。它不但能在空中悬停，还能前后飞行，这可是鸟类世界中独一无二的飞行技巧。

动物特点

蜂鸟体型小，羽毛色彩鲜艳，肌肉强健，翅膀较长，飞行本领高超，能敏捷地上下飞、侧飞和倒飞。

fēng niǎo
蜂鸟
hummingbird

鸟纲→雨燕目→蜂鸟科

栖息地：美洲

食物：花蜜、节肢动物等

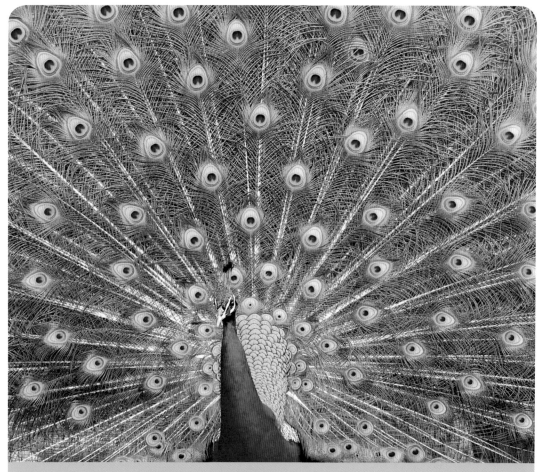

kǒng què
孔雀 peacock

鸟纲→鸡形目→雉科

栖息地：东南亚、南亚等地

食物：植食性饲料昆虫等

孔雀羽翼绚丽多彩，非常漂亮，被视为"百鸟之王"。孔雀的双翼不太发达，不善于飞行，但腿强健有力，善于疾走，所以孔雀逃跑时大多是快步飞奔。

趣味知识链接

孔雀因为能开屏而闻名于世，在孔雀产卵繁殖的春季，雄孔雀会展开它五彩缤纷、色泽艳丽的尾屏，向雌孔雀炫耀自己的美丽，以此吸引雌孔雀。

成年后的丹顶鹤每年会换两次羽毛，春季换成夏羽，秋季换成冬羽。在这个时期，丹顶鹤属于完全换羽，会暂时失去飞行能力。

动物特点

丹顶鹤体态优雅，颜色分明，颈和脚很长，因头顶上有一个鲜红的肉冠而得名。丹顶鹤的寿命可达50～60岁，所以又被称为"仙鹤"，是长寿的象征。

dān dǐng hè

丹顶鹤

red-crowned crane

鸟纲→鹤形目→鹤科

栖息地：东亚

食物：鱼类、植物等

天敌：狼、狐狸

tuó niǎo
鸵鸟 ostrich

鸟纲→鸵鸟目→鸵鸟科

栖息地：热带沙漠和草原

食物：植物果实和嫩牙、昆虫等

天敌：狮子

动物特点

鸵鸟是群居性动物，嗅觉和听觉特别灵敏，善于奔跑。它是世界上现存体形最大、但不能飞行的鸟类。

趣味知识链接

"鸵鸟精神"常比喻不肯正视困难和危险的人。就像鸵鸟在遇到危险时会将头埋进沙子里，以为自己什么都看不见，就会太平无事了。

企鹅非常耐寒，因为它的羽毛密度是同体型鸟类的 3 倍多，皮下脂肪有 2 ~ 3 厘米，所以即使在 -60 ℃ 的冰天雪地中，企鹅也能自在地生活。

动物特点

企鹅是一种不会飞行的鸟类，但善于游泳。它憨态可掬的样子，非常可爱，远远看去就像一位穿着燕尾服的绅士。

qǐ é
企鹅 penguin

鸟纲→企鹅目→企鹅科

栖息地：南半球
食物：鱼、虾等
天敌：海豹、海狮、虎鲸

yīng wǔ
鹦鹉 parrot

鸟纲→鹦形目→鹦鹉科

栖息地：温带、亚热带、热带的广大地域
食物：坚果、嫩叶等

动物特点

　　鹦鹉以美丽漂亮的羽毛和善学人语的特点，受到人们的喜爱。它尖尖的小嘴特别厉害，可以剥开坚硬的果壳。

趣味知识链接

　　鹦鹉聪明伶俐，善于学习，是名副其实的口技天才。它可以完全模仿人的语言，但这种模仿是没有意识的，只是条件反射，机械地模仿人类语言而已。

火烈鸟身上红红的羽毛并不是天生的，而是因为吃了含有虾青素的小虾。小虾吃得越多，火烈鸟羽毛的颜色就会越深，体格也越健壮。

动物特点

火烈鸟性情怯懦，喜欢群居。它的脖子很长，全身长满洁白泛红的羽毛。它的嘴像筛子，能先将食物吸入口中，然后再把多余的水和残渣从嘴上的小孔排出。

huǒ liè niǎo
火烈鸟
flamingo

鸟纲→红鹳目→红鹳科

栖息地：咸水湖沼泽地带
食物：蛤蜊、蟹、虾类等
天敌：秃鹳

bái lù
白鹭 egret

鸟纲→鹳形目→鹭科

栖息地：沼泽地、湖泊、潮湿的森林和其他湿地环境
食物：鱼、虾类
天敌：蛇、鹰、鼬等

动物特点

　　白鹭是一种非常漂亮的水鸟，拥有洁白的羽毛和修长的身子。它们经常一只脚独立在水中，靠灵活的脖子和尖尖的小嘴觅食。

趣味知识链接

　　白鹭的羽毛非常漂亮，具有很高的观赏价值和经济价值，所以白鹭被人类大量捕捉，现在已经濒临灭绝。

qīng tíng

蜻蜓

昆虫纲→蜻蜓目

栖息地：世界各地的湖泊、池塘等淡水水域

食物：蚊、蝇等

天敌：鸟类、蛙类等

dragonfly

动物特点

　　蜻蜓身体细长，头部可灵活转动，复眼发达，由三个单眼组成，视觉灵敏。

　　蜻蜓翅膀长而窄，飞行速度很快，每秒可达 10 米。

趣味知识链接

　　蜻蜓半透明的翅膀上有四块加厚的色素斑，又叫"翅斑"，可以使蜻蜓飞得更平稳。人类模仿蜻蜓，在机翼上加上平衡锤后，才使飞机飞行更平稳。

　　蝴蝶是怎样变化出来的呢？蝴蝶妈妈先产下卵，卵再慢慢变成一只小小的毛毛虫，毛毛虫长大后吐丝成茧，最后破茧而出变成一只美丽的蝴蝶。

动物特点

　　蝴蝶色彩鲜艳，翅膀上布满了各种美丽的斑纹，头部有一对触角。蝴蝶种类繁多，全世界大概有1700种，它们以花粉为食。

hú　dié
蝴蝶 butterfly

昆虫纲→鳞翅目

栖息地：美洲、亚洲

食物：花蜜

天敌：鸟类、蛙类等

51

mì fēng
蜜蜂 bee

昆虫纲→膜翅目→蜜蜂科

栖息地：全世界均有分布，以热带、亚热带种类最多
食物：花粉和花蜜
天敌：燕子、山雀等

动物特点

　　蜜蜂是一种会飞的群居昆虫，身覆黑色和深黄色绒毛，以花粉为食，寿命很短。蜜蜂非常勤劳，整天在花丛中飞来飞去，采集蜂蜜。

趣味知识链接

　　蜜蜂是一种社会性昆虫，家庭成员之间分工十分明确：蜂王负责产卵，雄蜂负责交配，工蜂负责采蜜。

蝉是世界上声音最大的昆虫。它不仅声音大，还能一边用嘴吸食树木汁液，一边发出响亮的声音。

动物特点

蝉又叫"知了"，是一种较大的吸食植物的昆虫，它会把针一样的口器刺入树中吸取树木汁液。夏天的时候，它会在树上发出响亮的叫声。

chán

蝉 cicada

昆虫纲→半翅目→蝉科

栖息地：沙漠、草原和森林

食物：植物的汁液

天敌：食肉类昆虫、食虫鸟等

é
蛾 moth

昆虫纲→鳞翅目

栖息地：除南、北极外的世界各地
食物：植物
天敌：鸟类、蛙类等

蛾的形状很像蝴蝶，但腹部短粗。它们具有灵敏的嗅觉和视觉，常在夜间活动。蛾的幼虫喜欢吃植物的叶子，是害虫。

趣味知识链接

飞蛾具有很强的趋光性，它靠光线来分辨飞行的方向，所以才会出现飞蛾奋不顾身地扑向火焰的现象。

蚂蚁是动物界中当之无愧的大力士，它能够举起超过自身体重100倍的物体。这是因为蚂蚁的肌肉层纤维中含有特殊的酶和激素蛋白，能释放出巨大的能量。

动物特点

蚂蚁是最为常见的一类昆虫，体形很小，上颚发达，寿命很长，喜欢成群结队地活动，分工明确。

mǎ yǐ
蚂蚁 ant

昆虫纲→膜翅目→蚁科

栖息地：除南、北极外的世界各地

食物：杂食

dú jiǎo xiān
独角仙
hercules beetle

昆虫纲→鞘翅目→金龟子科

栖息地：亚洲各地
食物：植物汁液等
天敌：蚂蚁

独角仙外壳坚硬，力气大，可以拉动超过自身体重十倍的物品。它的外壳会随着外界环境的变化从绿色变为黑色。

趣味知识链接

独角仙翻倒在地后，能够迅速地爬起来。它先用后腿将身体抬起来，然后再用额角顶住，最后用力一推，就能顺利地翻回去了。

蝗虫通过吃带有臭味的树叶，然后将其呕吐到自己身上来进行自我保护，这样别的物种就会因为它身上难闻的味道而放弃吃它。

动物特点

蝗虫头比较大，通常为绿色、褐色或黑色。蝗虫的后足强劲有力，所以它的跳跃能力特别强，同时也是它的防卫武器。

huáng chóng

蝗虫

grasshopper

昆虫纲→直翅目→蝗总科

栖息地：除南、北极外的世界各地

食物：植物叶子

天敌：蜥蜴

tángláng

螳螂 mantis

昆虫纲→螳螂目→螳螂科

栖息地：除南、北极外的世界各地

食物：昆虫

天敌：食虫鸟类

动物特点

螳螂为肉食性昆虫，凶猛好斗，有一对大而透亮的复眼，能迅速找到猎物。螳螂通常会通过挥舞前腿，展开翅膀，露出颜色鲜艳的斑纹，来吓唬对手。

趣味知识链接

雌、雄螳螂在交尾后，经常会出现特别残忍的一幕，即雌螳螂会转过头吃掉雄螳螂。

瓢虫是一个技艺精湛的飞行高手。在它坚硬的外壳下，有一对细小精致的翅膀。当需要寻找食物时，瓢虫会疯狂舞动它的那对小翅膀。

动物特点

瓢虫体形很小，身体呈半球状，外壳色彩鲜艳，背上有红色、黄色或黑色的斑点，所以又被叫作"花大姐"。

piáo chóng

瓢虫 ladybug

昆虫纲→鞘翅目→瓢甲科

栖息地：除南、北极外的世界各地

食物：蚜虫、植物嫩叶、叶螨

天敌：蚂蚁、蜘蛛

蟋蟀又叫"蛐蛐"，头部很圆，头顶上有两根细长的触须，善于跳跃，好斗。蟋蟀性情孤僻，一般是独立生活，很难和同伴相处。

趣味知识链接

蟋蟀以善鸣好斗著称，特别是雄性蟋蟀。雄性蟋蟀会为了争夺食物、巩固自己的领地或吸引雌性蟋蟀相互格斗。

xī shuài
蟋蟀 cricket

昆虫纲→直翅目→蟋蟀科

栖息地：除南、北极外的世界各地
食物：杂食
天敌：鸟类、爬行动物等

森林和草原动物

lǎo hǔ
老虎 tiger

哺乳纲→食肉目→猫科

栖息地：亚欧大陆

食物：鹿、野猪、羚羊等

动物特点

老虎号称"百兽之王"，是体形最大的猫科动物。它四肢强壮有力，集速度、力量、敏捷于一身，可以捕杀几乎一切陆地动物，在自然界中没有天敌。

趣味知识链接

老虎为独居动物，擅长游泳，喜欢通过四处撒尿、抓磨树干、排泄粪便来标记领地。

　　雄狮长有夸张的鬃毛，很容易暴露目标，为了不惊吓到猎物，雄狮很少参与狩猎，捕猎由雌狮来完成。

动物特点

　　狮子是猫科动物中唯一群居的动物，一个狮群一般由 4 ~ 12 个具有亲缘关系的母狮、它们的孩子以及 1 ~ 2 只雄狮组成。

shī zi
狮子 lion

哺乳纲→食肉目→猫科

栖息地：非洲、亚洲的稀树草原和半荒漠地区

食物：长颈鹿、斑马等

dà xiàng
大象 elephant

哺乳纲→长鼻目→象科

栖息地：亚洲、非洲地区

食物：树叶、果实和草

动物特点

大象是目前陆地上最大的哺乳动物，四肢粗壮，长有长长的鼻子和蒲扇似的大耳朵。大象以植物为食，寿命很长，能活到 70 岁左右。

趣味知识链接

大象的鼻子长而有力，由强健的肌肉组成，能自由伸屈，特别灵活。它不仅能轻松地卷起整根木头，还能捡起地上的小木棍。

豹不仅喜欢在树上猎捕食物，而且还喜欢将捕捉到的猎物带到树上来慢慢享用，防止狮子等食肉动物前来抢夺自己的猎物。

动物特点

豹体形高大，四肢强健，动作敏捷，既会爬树，又会游泳，奔跑速度极快，隐蔽性强，听觉和嗅觉很好，可以说是最完美的猎手。

bào

豹 leopard

哺乳纲→食肉目→猫科

栖息地：亚洲、非洲、阿拉伯半岛
食物：羚羊、长颈鹿、猴子等
天敌：老虎、狮子

cháng jǐng lù
长颈鹿
giraffe

哺乳纲→偶蹄目→长颈鹿科

栖息地：非洲
食物：植物叶子
天敌：狮子、豹等

动物特点

　　长颈鹿是现存个头最高的陆地动物，身高可达6米。长颈鹿生性胆小谨慎，喜欢群居。当遇到天敌时，它们会四处逃散，能以每小时70千米的速度奔跑。

趣味知识链接

　　长颈鹿腿很长，饮水时要将前腿叉开或跪在地上才能喝到水，因而这个时候特别容易受到其他动物的攻击，所以群居的长颈鹿一般不会一起喝水。

犀牛角是犀牛最主要的特征，也是犀牛最厉害的武器，但这些坚硬的牛角却是由表皮角质形成，而且折断后还可以再生。

动物特点

犀牛身形笨拙，头部庞大，全身长有铠甲似的厚皮，眼睛很小，鼻子上长有单角或双角。犀牛虽然身躯庞大，却特别胆小，它们性情温和，不会主动攻击人类。

xī niú
犀牛 rhino

哺乳纲→奇蹄目→犀科

栖息地：非洲、东南亚

食物：种子、树叶和水果

xióng
熊
bear

哺乳纲→食肉目→熊科

栖息地：欧亚大陆和北美洲的大部分地区

食物：小动物、水果、坚果、蜂蜜等

动物特点

　　熊身体粗壮肥大，体毛长而密，脸形像狗，头大嘴长，脚上长有锋利的爪子。熊的嗅觉十分灵敏，但视觉和听觉较差。一般情况下，熊的性情温和，不会主动攻击人类。

趣味知识链接

　　当冬天缺少食物时，熊会躲进洞里开始冬眠，这时熊的心跳速率会减缓75%，但体温只会下降4摄氏度左右。熊冬眠的能量来源于体内储存的脂肪。

斑马因身上长有起保护作用的斑纹而得名。虽然每匹斑马身上的条纹看上去都差不多，但没有任何两匹斑马身上的条纹是相同的。

动物特点

斑马为非洲特产，喜欢群居，全身长有黑白相间的条纹，这些漂亮的条纹是它们互相区别彼此、适应环境的保护色。

bān mǎ
斑马 zebra

哺乳纲→奇蹄目→马科

栖息地：非洲草原

食物：杂草

天敌：狮子、鬣狗等

láng
狼 wolf

哺乳纲→食肉目→犬科

栖息地：亚洲、欧洲、北美和中东
食物：鹿、羚羊、野兔等
天敌：老虎、狮子

动物特点

狼的外形和狗很像，但嘴略尖，耳朵直立，尾巴下垂。狼的嗅觉灵敏，既耐热，又不畏严寒，性情残忍，奔跑速度很快。

趣味知识链接

狗是人类最忠实的朋友，乖巧且容易驯服，但它实际上是从野狼驯化而来的。

黑猩猩智商很高，会使用简单的工具。比如，它会将沾满口水的树枝捅进白蚁穴中，等到白蚁爬满后抽出，然后美美地放进嘴里吃掉。

动物特点

黑猩猩是人类的近亲，智力水平仅次于人类。它们性格开朗，活泼好动，会表达感情。黑猩猩食量很大，每天要用 5 ~ 6 个小时觅食。

hēi xīng xing
黑猩猩
chimpanzee

哺乳纲→灵长目→人科

栖息地：非洲中部
食物：水果、树叶、小动物等

hú li
狐狸 fox

哺乳纲→食肉目→犬科

栖息地：欧亚大陆、美洲、澳洲、北极
食物：鱼类、鼠、鸟类、野兔等
天敌：狼、虎等

动物特点

狐狸身体纤瘦，毛长且厚，尖嘴大耳，身后拖着一条长长的尾巴。它的嗅觉和听觉非常灵敏，行动速度很快。狐狸身上有一种刺鼻的味道，由其尾巴根部的臭腺放出。

趣味知识链接

狐狸非常聪明，在捕捉猎物时会想各种办法，比如碰上满身带刺的刺猬，狐狸会先将缩成一团的刺猬推入水中，然后等淹得半死的刺猬爬上岸时，再将其撕开吃掉。

　　袋鼠只会往前跳，不会后退，所以澳大利亚将袋鼠作为象征物，希望人们也能像袋鼠一样，具有永不退缩的精神。澳大利亚的国徽中就画有一只小袋鼠。

动物特点

　　袋鼠是食草动物，前肢很短，长长的后腿强劲有力。袋鼠以跳代跑，最高可达 4 米，最远可跳至 13 米。雌性袋鼠胸前都会有一个育儿袋，袋鼠妈妈就用胸前的这个小袋子来抚养自己的孩子。

dài shǔ
袋鼠 kangaroo

哺乳纲→袋鼠目→袋鼠科

栖息地：澳大利亚、新几内亚

食物：草、树叶和灌木

tù

兔 rabbit

哺乳纲→兔形目→兔科

栖息地：除南、北极外的世界各地
食物：胡萝卜、杂草等
天敌：鹰、狼等

动物特点

兔子头部像老鼠，尾巴短，耳朵大，上嘴唇从中间裂开，是典型的三瓣嘴。兔子擅长跳跃，跑得很快。

趣味知识链接

兔子眼睛的颜色和身上的皮毛颜色有关，黑兔的眼睛是黑色的，灰兔的眼睛是灰色的，白兔的眼睛是透明的。但由于白兔眼睛里的毛细血管反射了外界的光线，透明的眼睛就显出了红色。

秋天一到，松鼠就会开始贮藏食物。它会利用树洞或地洞，分别在几处储存食物，然后再用泥土或落叶堵住洞口，不让别人发现。

动物特点

松鼠体形较小，长有毛茸茸的长尾巴，眼睛大而明亮，喜欢在树上生活。它的嗅觉极为灵敏，能够准确无误地辨别松子等坚果的空实。

sōng shǔ

松鼠 squirrel

哺乳纲→啮齿目→松鼠科

栖息地：寒温带和亚寒带针叶林地区

食物：种子

天敌：鹰、蛇等

kǎo lā
考拉 koala

哺乳纲→有袋目→树袋熊科

栖息地：澳大利亚东南沿海的尤加利树林区
食物：桉树叶和嫩枝
天敌：猫头鹰、老鹰、狐狸等

动物特点

考拉又叫"树袋熊"，性情温顺，体态憨厚，长相酷似小熊，生有一对大耳朵，没有尾巴，所以能长时间舒服地坐在树杈上。考拉每天有 18 小时处于睡眠状态。

趣味知识链接

考拉是澳大利亚的国宝，以桉树叶和嫩枝为食。它能从桉树叶中获取足够的水分。所以考拉除了在生病和干旱的时候喝水，一般很少喝水。

大熊猫在地球上生存了至少 800 万年，属于我国特有的珍稀动物，被誉为"中国国宝"。

动物特点

大熊猫长着圆圆的脸颊，大大的黑眼圈，锋利的爪子和黑白分明的体毛。它喜欢吃竹子的嫩茎和竹笋。大熊猫看起来憨态可鞠，但发怒时危险性堪比其它熊种。

dà xióng māo
大熊猫
panda

哺乳纲→食肉目→熊科

栖息地：中国西部山区

食物：竹子、竹鼠等

天敌：豹、狼等

cì wei
刺猬
哺乳纲→猬形目→猬科

栖息地：亚洲、欧洲
食物：昆虫、蠕虫等
天敌：狐狸、貂等

hedgehog

刺猬体型肥矮，眼小毛短，爪子锐利，浑身布满短而密的尖刺。遇到敌人时，刺猬会将身子蜷缩成一团，竖起尖尖的刺，用来保护自己。

趣味知识链接

刺猬因为不能稳定地调节体温，所以有冬眠的习惯，一般要睡上足足五个月，才会重新出来活动。

藏羚羊是我国青藏高原特有的动物，它不仅形体优美，动作敏捷，还耐高寒、抗缺氧，是我国一级保护动物。

动物特点

羚羊长有一对空心而结实的角，体形优美，四肢细长，蹄小而尖，行动敏捷。遇到敌人时，它会高高跳起，然后快速奔跑，具有超强的耐力，很少有动物能追上它。

líng yáng
羚羊 antelope

哺乳纲→偶蹄目→牛科

栖息地：非洲、亚洲

食物：草

天敌：狮子、猎豹、狼等

图书在版编目(CIP)数据

畅游动物乐园 / 海豚传媒编. — 武汉: 长江少年儿童出版社, 2014.3
（好奇宝宝大世界）
ISBN 978-7-5353-9445-3

Ⅰ.①畅… Ⅱ.①海… Ⅲ.①常识课—学前教育—教学参考资料 Ⅳ.①G613.3

中国版本图书馆CIP数据核字(2013)第221376号

畅游动物乐园

海豚传媒／编

责任编辑／罗　萍　叶　朋　傅一新
装帧设计／钮　灵　美术编辑／杨　念
出版发行／长江少年儿童出版社
经销／全国新华书店
印刷／深圳市福圣印刷有限公司
开本／787×1092　1／16　5印张
版次／2020年1月第1版第7次印刷
书号／ISBN 978-7-5353-9445-3
定价／17.80元

策划／海豚传媒股份有限公司（20015716）
网址／www.dolphinmedia.cn　　邮箱／dolphinmedia@vip.163.com
阅读咨询热线／027-87391723　　销售热线／027-87396822
海豚传媒常年法律顾问／湖北珞珈律师事务所　　王清　　027-68754966-227